NOTES
SUR LES EXPÉRIENCES DE TRACTION
DE LA COMPAGNIE D'ORLÉANS.
(1857 à 1866.)

Par M. **V. FORQUENOT**.

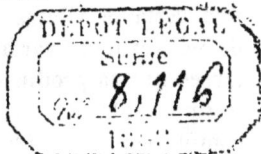

EXTRAIT des *Mémoires de la Société des Ingénieurs civils.*

Les expériences de traction exécutées au chemin de fer d'Orléans ont été commencées par M. C. Polonceau en 1857, et continuées depuis lors pour compléter l'étude des questions qui intéressent la détermination des charges à remorquer sur un profil quelconque pour une locomotive donnée.

Les méthodes d'expérimentation employées sont les suivantes :

On ne s'est jamais servi que du dynamomètre. La méthode des plans inclinés, ainsi que celle qui consiste à lancer les véhicules à une certaine vitesse et à suspendre brusquement l'action du moteur pour laisser les véhicules s'arrêter au bout d'un chemin que l'on mesure, présentent de grandes difficultés, et nécessitent différents calculs assez compliqués.

On a fait les expériences, la plupart du temps, avec un seul dynamomètre, parfois cependant avec deux dynamomètres, mais dans des circonstances tout à fait particulières; ainsi quand il s'agissait de comparer deux matériels, on formait un train unique dont chaque moitié composée du matériel à étudier était précédée d'un dynamomètre. Cette dernière méthode n'a été employée depuis 1862 que pour des cas spéciaux, à cause des irrégularités qui ont été souvent constatées.

Lorsqu'au contraire les expériences portaient sur un matériel déterminé qu'il fallait étudier dans des conditions variables, on se contentait d'un seul dynamomètre.

On obtient l'effort de traction correspondant à une vitesse donnée par trois moyens :

1° En totalisant le travail enregistré par le dynamomètre et en le divisant par le chemin total parcouru. Cet effort est ainsi rapporté à la vitesse moyenne du train.

2° En prenant les points du trajet où la vitesse peut être considérée comme constante pendant un parcours assez long, par exemple, 3 ou 4 kilomètres. La moyenne des efforts observés pendant ce temps donne

1

l'effort correspondant à cette vitesse constante. Mais ce moyen présente certaines incertitudes par rapport à la constance de la vitesse, car l'on mesure la vitesse à l'aide du temps employé pour parcourir un kilomètre; on n'obtient donc ainsi que la vitesse moyenne pendant 1 kilomètre, et non les variations partielles de vitesse qui peuvent se produire.

3° En considérant le travail accompli depuis l'instant où l'on observe une certaine vitesse jusqu'à l'instant où la même vitesse se présente de nouveau. La variation de puissance vive étant égale au travail des forces qui la produisent, il s'ensuit que lorsqu'on est parti d'une vitesse initiale pour revenir à cette même vitesse initiale, le travail accompli pendant ce temps est nul. Or ce travail est celui des excès et des pertes de force qui empêchait la vitesse d'être constante. On peut donc considérer l'effort de traction et la vitesse pendant le trajet comme étant restés constants; seulement cet effort de traction est la moyenne des efforts constatés, et la vitesse est également la moyenne des vitesses qui se sont succédé. On obtient ainsi l'effort qui correspond à la résistance du train pour la vitesse moyenne du trajet entre les deux instants considérés.

Seulement il est difficile d'obtenir exactement la vitesse moyenne, par la raison qu'on ne sait jamais au juste la distance qui sépare les deux points du trajet où la vitesse est la même. En tout cas, le moyen est approximatif.

Des trois moyens énumérés ci-dessus, le premier est le meilleur, quand la vitesse d'un train ne varie pas dans de grandes limites, et quand les arrêts ne sont pas fréquents. Les arrêts sont une cause d'erreur, puisqu'ils nécessitent l'emploi de freins, et qu'une partie de la puissance vive, au lieu d'être restituée au train, est absorbée par le frottement de glissement des roues sur les rails.

Il est bien entendu que lorsqu'on veut obtenir l'effort de traction en palier, il faut diminuer ou augmenter l'effort total de la résistance due à la gravité sur les différents profils en rampe ou en pente.

Nous allons indiquer successivement les résultats des expériences destinées à déterminer les différentes influences qui peuvent modifier la résistance du matériel à la traction.

1° Dimensions des fusées et des roues;

2° Longueur des convois;

3° Chargement;

4° État des rails;

5° Nature du graissage;

6° Influence de la température;

7° Rampes et pentes;

8° Mode d'attelage;

9° Surface des wagons. Intensité du vent

10° Influence de la vitesse. Courbes.

I. Dimensions des fusées et des roues.

Pour étudier l'influence des dimensions des fusées, à diamètre de roues égal, on a pris :

1° 15 wagons Orléans à fusées de 155 sur 80 et
 15   id.   id.   à fusées de 102 sur 60.
(Dans les deux cas, graissage à la graisse et roues de 1 mètre.)
(11 août 1857. Paris à Étampes et retour.)
Vitesse de 25 kilomètres.

Fusées de 155 sur 80.   *Fusées de 102 sur 60.*
Effort par tonne en palier, 3kg.15.   Effort par tonne en palier, 2kg.98.

2° 6 wagons Orléans à fusées de 150 sur 72, et
 6   id.   id.   à fusées de 102 sur 60.
(Dans les 2 cas, graissage à la graisse et roues de 1 mètre.)
(17 septembre 1857. Paris à Étampes.)
Vitesse de 50 kilomètres.

Fusées de 150 sur 72.   *Fusées de 102 sur 60.*
Effort par tonne en palier, 5ks.30.   Effort par tonne en palier, 5ks.05.

3° 6 wagons Orléans à fusées de 150 sur 72, et
 6   id.   id.   à fusées de 102 sur 60.
(Dans les 2 cas, graissage à la graisse et roues de 1 mètre.)
(23 août 1858. Paris à Guillerval.)
Vitesse de 50 kilomètres.

Fusées de 150 sur 72.   *Fusées de 102 sur 60.*
Effort par tonne en palier, 4ks.00.   Effort par tonne en palier, 3ks.90.

4° 12 voitures Orléans à fusées de 150 sur 72, et
 12   id.   id.   à fusées de 102 sur 60.
(Dans les deux cas, graissage à la graisse et roues de 1 mètre.)
Vitesse de 37 kilomètres.

Paris à Corbeil et retour.   Paris à Corbeil et retour.
8 et 9 octobre 1855.   28 et 29 septembre 1855.
Fusées de 150 sur 72.   *Fusées de 102 sur 60.*
Effort par tonne en palier, 5ks.83.   Effort par tonne en palier, 5ks.63.

OBSERVATIONS. — Les chiffres d'effort par tonne ci-dessus, en palier, ne présentent pas de gradation par rapport à la vitesse. Il faut s'attendre à des anomalies pareilles quand on considère des expériences dynamométriques qui diffèrent dans leurs éléments, surtout dans le cas du graissage à la graisse.

Mais ce qu'il importe de déterminer, dans la série d'expériences ci-dessus, c'est le rapport des valeurs obtenues pour les efforts par tonne correspondant aux fusées de 102 sur 60 et pour ceux correspondant aux fusées de 150 sur 72 ou de 155 sur 80.

Ces rapports sont les suivants :

1re Expérience $\dfrac{2^k.98}{3^k.25} = 0.94$.

2e Expérience $\dfrac{5^k.05}{5^k.30} = 0.95$.

3e Expérience $\dfrac{3^k.90}{4^k.00} = 0.97$.

4e Expérience $\dfrac{5^k.63}{5^k.83} = 0.97$.

Moyenne des 4 Expériences. . . . . 0.96.

On voit par là que le frottement dans les boîtes à graisse augmente avec l'étendue des surfaces en contact, mais l'augmentation du frotte-ment est moins rapide que celle de l'étendue.

Le chiffre 0.96 indique que sur une voie en palier, 19 wagons à grosses fusées exigent le même effort de traction que 20 wagons à petites fusées, le poids moyen des wagons étant le même dans les deux cas. Dans les rampes, cette influence des fusées est moins sensible, à cause de la con-stante due à la gravité, qu'il faut ajouter à l'effort par tonne en palier.

Ainsi en rampe de 15, le rapport $\dfrac{5^k.05}{5.\,30} = 0.95$ deviendrait

$\dfrac{15 + 5.05}{15 + 5.30} = 0.99$.

Ce dernier rapport se traduit par une différence de 1/4 wagon sur 25 wagons, ce qui est insensible en pratique.

Mais en définitive, il y a toujours avantage à s'en tenir aux fusées les plus petites en conservant pour limites la résistance du métal et l'influence du poids par centimètre carré, qui ne doit pas aller jusqu'au grippage.

Pour étudier l'influence du diamètre des roues, à égalité de fusées, on a pris :

15 wagons Orléans à roues de 1m.200 et
15 id,   id.   à roues de 1m.

(Dans les 2 cas, graissage à la graisse, fusées de 155 sur 80.)
(25 juillet 1857. Paris à Guillerval.)
Vitesse de 23 kilomètres.

Roues de 1^m.200. *Roues de 1^m.*

Effort par tonne en palier, 2^k.90. Effort par tonne en palier, 3^k.30.

Le rapport des 2 efforts est $\dfrac{2^k.90}{3^k.30} = 0.90.$

On voit que l'avantage est du côté des grandes roues ; ce résultat était du reste évident *à priori*, puisqu'à vitesse égale, le travail de frottement dans leurs boîtes à graisse est moindre.

L'avantage constaté ci-dessus correspond, en palier, à une différence de 10 wagons sur 100 ou de 5 wagons sur 50.

Un grand nombre d'expériences faites sur des wagons à marchandises du Midi, à roues de 0^m. 900, ont toujours accusé un tirage par tonne supérieur à celui du matériel d'Orléans à roues de 1^m. Il est vrai que la plupart des wagons du Midi étaient graissés à la graisse, tandis que ceux d'Orléans l'étaient à l'huile.

Cependant, comme, dans certains cas, un graissage à la graisse bien soigné peut donner des résultats comparables à ceux du graissage à l'huile, on peut en conclure que la différence constatée entre les deux matériels était due en partie au diamètre des roues.

II. — Longueur des convois.

La longueur des convois exerce une influence très-marquée sur l'effort de traction. Ainsi, de deux trains de tonnage égal et formés de même matériel, le plus dur à remorquer sera le plus long.

Le fait s'explique par le mouvement d'ondulation des wagons dans les alignements, par le frottement des roues dans les courbes et par les résistances de l'air.

Lorsque tous les véhicules d'un train roulent avec la même facilité, c'est-à-dire exigent séparément le même effort de traction par tonne, un dynamomètre placé en tête du train indique un effort par tonne supérieur à celui indiqué par un dynamomètre intercalé dans le milieu même du train ; la différence entre les deux indications est d'autant plus sensible que le nombre des véhicules est plus considérable.

Mais lorsque le matériel placé à l'arrière d'un train exige un effort par tonne plus grand que celui placé à l'avant, il peut se faire que le dynamomètre remorquant tout le train accuse un effort par tonne égal ou inférieur à celui accusé par le dynamomètre remorquant le matériel de queue.

Il ne faut donc pas s'attendre à voir toujours le dynamomètre de tête indiquer des efforts par tonne supérieurs à ceux du dynamomètre de queue. Mais dans tous les cas, l'effort par tonne du dynamomètre de tête sera toujours supérieur à la moyenne arithmétique des efforts par tonne qui seraient accusés *séparément* par les deux moitiés du train. C'est ce dernier fait qui démontre pratiquement l'accroissement du tirage avec la longueur du convoi.

Nous avons à citer à ce sujet l'expérience suivante :

Train spécial de Paris à Niort et de Niort à Paris. (Juillet 1857.)

Parcours total, aller et retour 820 kilom. Courbes de 1,000^m.
1re moitié du train : 16 wagons Orléans.
2e, id. : 16 id.

Chacune de ces moitiés était précédée d'un dynamomètre.
Chacune était composée de matériel de même nature, savoir : 8 plate-formes et 8 wagons couverts.

(Graissage à la graisse.)

Tonnage de la moitié de tête (dynamomètre compris)
155^t.480.

Tonnage de la moitié de queue (dynamomètre compris)
161^t.490.

On voit que les 2 tonnages sont à peu près égaux.

Moyenne des résultats.

Effort par tonne : dynamomètre de tête. . . . . 4^{kg}.18
id. : id. de queue. . . . . 3^{kg},75
(En palier, vitesse moyenne 24 kilomètres.)

Les deux moitiés du train, étant composées de même façon, auraient accusé sensiblement le même effort ; la différence des indications des deux dynamomètres provient de la longueur du train.

Pour passer du dynamomètre de queue à celui de tête, l'effort par tonne a augmenté de 0^{kg}. 43 en moyenne.

Dans le passage des courbes, l'influence du nombre des véhicules peut devenir plus considérable encore, suivant la vitesse et suivant le rayon de ces courbes.

Voici quelques expériences qui rendent le fait très-sensible.

INCLINAISONS et COURBES.	DATE 1859.	VITESSE en KILOMÈTRES.	TONNAGE.	GRAISSAGE.	NOMBRE de VÉHICULES.	EFFORT moyen PAR TONNE
			tonnes.			kilgs.
Montauban	10 avril.	32	168.7	Huile et graisse.	15	5.74
à Viviez.	14 —	36	165.0	Huile.	15	5.40
R = 350ᵐ.	16 —	32	140 8	Huile et graisse.	14	6.06
i = 5ᵐᵐ.	21 —	33	90.5	Huile.	19	7.81
Viviez						
à Auzits.	10 avril.	19	93.2	Huile.	15	17.80
R = 350ᵐ.	14 —	23	93.3	Huile.	15	17.79
i = 15ᵐᵐ.						
Capdenac						
à Villeneuve.	20 avril.	25	218.0	Huile.	24	12.55
R = 350ᵐ.	24 —	25	122.7	Huile.	15	11.84
i = 10ᵐᵐ.						

Remarque. — Dans les trains de Montauban à Viviez, la différence entre l'effort par tonne pour 19 voitures et celui pour 15 voitures peut paraître anormale, mais nous ferons remarquer que le train de 19 voitures était formé de matériel vide. Or nous avons souvent constaté l'excès de tirage du matériel vide sur le matériel chargé. Nous y reviendrons plus loin.

On voit que l'influence de la longueur des trains est liée d'une manière intime avec la résistance dans les courbes.

III. — Chargement.

Nous avons expérimenté des trains à divers degrés de chargement, c'est-à-dire avec des charges par wagon plus ou moins considérables. En général, dans les conditions moyennes, l'effort par tonne reste sensiblement le même, quel que soit le chargement, toutes autres circonstances égales d'ailleurs. Cela s'explique théoriquement par la constance du coefficient de frottement dans les boîtes à graisse, lorsqu'on n'approche pas de la limite du grippage.

Mais lorsque nous avons comparé des véhicules à charge à peu près complète avec des véhicules entièrement vides, nous avons observé à plusieurs reprises que la tonne de matériel vide exige un tirage sensiblement plus fort que la tonne de matériel chargé. Comme le fait s'est présenté avec un nombre égal de véhicules vides et de véhicules chargés, il faut en conclure que ce n'est pas la longueur du train qui est en jeu pour produire cette différence.

Pour expliquer cette anomalie, on peut admettre que les caisses des wagons vides ont une assiette moins stable sur les boîtes à graisse que les caisses chargées, et produisent en marche des oscillations verticales et horizontales plus prononcées.

Voici une expérience directe sur le matériel vide et le matériel chargé, à égalité de nombre de véhicules.

16 juillet 1857.

17 wagons vides, pesant. . . . . 77 tonnes.
17 wagons chargés, pesant 217   id.
 . Paris à Étampes et retour (graissage à la graisse).
Effort par tonne du matériel vide en palier. . . . . . . 4^k.52.
  id.   du matériel chargé . . . . 3^k.12.

Différence . . . . 1^k.40.

Vitesse 25 kilomètres.

Une contre-expérience a été faite pour se rapprocher davantage des conditions habituelles du service, qui comportent un nombre de wagons plus considérable. Un même jour, presque aux mêmes heures, un train de 35 wagons chargés et un train de 60 wagons vides furent remorqués de *Paris à Orléans*. (Graissage à la graisse.)

24 février 1858.

35 wagons chargés.		60 wagons vides.	
Tonnage.	396^t	Tonnage.	287^t
Paris à Orléans.		Paris à Orléans.	
Effort moyen par tonne.	3^k.92	Effort moyen par tonne.	5^k.45
id. total . . .	1555^k	id. total . . .	1505^k
Vitesse 23 kilomètres.		Vitesse 22 kilomètres.	

L'effort de traction de 60 wagons vides équivalait donc à peu près à celui 35 wagons chargés.

Différence entre les efforts par tonne, 1^k.53.

Cette différence est encore plus grande que précédemment. Il est vrai que le rapport des longueurs de train de la deuxième expérience est au désavantage du matériel vide.

Nous pouvons rappeler ici une expérience déjà citée au paragraphe II, celle du 10 avril 1859 et celle du 21 avril 1859.

10 avril 1859.		21 avril 1859.	
15 véhicules chargés.		19 véhicules vides.	
Tonnage	168^t.7	Tonnage.	90^t.5

Montauban à Viviez.
(Graisse et huile.)
Effort moyen par tonne. 5ᵏˢ.74
Vitesse 32 kilomètres.

Montauban à Viviez.
(Huile.)
Effort moyen par tonne. 7ᵏˢ.81
Vitesse 33 kilomètres.

IV. — État des rails.

La traction varie avec l'état des rails, suivant qu'ils sont secs ou mouillés, et suivant que la voie est plus ou moins bien entretenue.

Pour ce qui est de l'humidité du rail, on a reconnu que le roulement sur rail mouillé est plus facile que sur rail sec. A vrai dire la différence est très-peu notable; l'humidité du rail ne joue pas ici un rôle aussi important que pour l'adhérence des machines locomotives. Dans le cas de l'adhérence, c'est un frottement de glissement qui est en jeu; dans le cas du remorquage des wagons, c'est un frottement de roulement.

Nous avons à citer une expérience directe, faite pour comparer l'influence de la voie sèche et de la voie mouillée.

C'est le même train qui a fait le trajet de Paris à Étampes et retour; d'abord sur la voie sèche et ensuite sur la voie mouillée. Le mouillage était fait artificiellement à l'aide de cuves à eau placées dans les wagons dynamomètres, et débitant le liquide à l'aide de tuyaux sur la voie.

Les deux trains ont été faits dans des circonstances atmosphériques identiques : temps sec, vent nul (juillet 1857). Les conditions de vitesse sont peu différentes : il y a un léger excès de vitesse pour la voie mouillée.

Voie sèche.
1ᵉʳ juillet 1857.
35 wagons chargés.
Tonnage 317ᵗ
Paris à Étampes et retour.
(Graissage à la graisse.)
Effort par tonne en palier, 3ᵏˢ.95
Vitesse 23 kilom.

Voie mouillée.
11 juillet 1857.
35 wagons chargés.
Tonnage 317ᵗ
Paris à Étampes et retour.
(Graissage à la graisse.)
Effort par tonne en palier, 3ᵏˢ.52
Vitesse 25 kilom.

En général, ainsi que l'ont fait voir d'autres trains, remorqués en temps sec ou en temps de pluie, la différence de tirage résultant de l'état d'humidité du rail est peu sensible.

Quant aux conditions de traction résultant de l'entretien de la voie, elles sont très-variables. Les défauts dans la pose des rails, le tassement du terrain sous les traverses, l'usure ou l'écrasement des rails, leur mobilité dans les coussinets, etc., sont autant de circonstances qui donnent lieu à des soubresauts et à des cahots du matériel roulant, et par suite à une augmentation d'effort.

V. — Nature du graissage.

Le système de graissage employé dans les chemins de fer a été notablement perfectionné depuis leur origine. Aussi les expériences dynamométriques actuelles accusent un tirage par tonne notablement inférieur à celui donné par les anciens matériels roulants.

A la Compagnie d'Orléans, les expériences ont porté surtout sur la comparaison du matériel de cette Compagnie, graissé à la graisse, avec le matériel modifié graissé à l'huile.

Voici d'abord une expérience directe portant sur le matériel d'Orléans.

1er août 1857.

Paris à Étampes et retour.

Graisse.		Huile.	
16 wagons pesant	194ᵗ	16 wagons pesant	188ᵗ
Effort par tonne en palier. 3ᵏˢ.37		Effort par tonne en palier. 2ᵏˢ.22	

Vitesse 24 kilomètres.

De ce tableau on a conclu, lors de l'application généralisée des boîtes à huile aux wagons de la Compagnie d'Orléans, que la charge des trains pouvait être notablement augmentée. Et afin de se rapprocher davantage des conditions de la pratique, on a recommencé l'expérience comme il suit :

17 juin 1859.

Paris à Orléans.

Graisse.		Huile.	
35 wagons pesant	317ᵗ	42 wagons pesant	391ᵗ
Effort par tonne en palier. 3ᵏˢ.80		Effort par tonne en palier. 2ᵏˢ.60	
Vitesse 25 kilomètres.		Vitesse 23 kilomètres.	

En général, et en analysant les diverses expériences avec le matériel graissé à la graisse et celui à l'huile, on a trouvé que la différence entre les 2 tirages est d'environ 1ᵏˢ.20 par tonne en temps ordinaire. En hiver, on a eu jusqu'à 1ᵏˢ.80 (30 janvier 1858).

Nous constatons également que la différence entre les 2 graissages est un maximum au moment du démarrage. Après quelque chemin parcouru, elle tend à diminuer. Cela s'explique par l'échauffement des coussinets et la liquéfaction de la graisse.

Les chiffres ci-dessus se rapportent exclusivement au matériel d'Orléans.

Nous avons un certain nombre d'expériences comparatives du matériel d'Orléans et du matériel du Midi; une grande quantité de véhicules de cette dernière Compagnie entrant dans nos trains, nous avions dû à une certaine époque, mais momentanément, leur appliquer un coefficient spécial dans l'établissement des charges à remorquer par nos machines locomotives.

10 mai 1864.

Paris à Orléans.

Graisse.	Huile.
(Matériel du Midi.	(Matériel d'Orléans.)
Roues de 0ᵐ.900.	Roues de 1ᵐ.
20 wagons pesant. 260ᵗ	20 wagons pesant 225ᵗ
Effort par tonne en palier. 3ᵏᵍ.00	Effort par tonne en palier. 2ᵏᵍ.70

Vitesse 25 kilomètres.

---

17 novembre 1864.

Périgueux à Limoges.

Graisse.	Huile.
(Matériel du Midi.)	(Matériel d'Orléans.)
28 wagons pesant 380ᵗ	35 wagons pesant. 392ᵗ
Effort par tonne en palier. 2ᵏᵍ.46	Effort par tonne en palier. 2ᵏᵍ.41
Vitesse 25 kilom.	Vitesse 30 kilom.

REMARQUE. — Les 2 efforts par tonne sont sensiblement égaux, mais le train de wagons d'Orléans est plus long et marche plus vite que celui des wagons du Midi. On peut en conclure que dans les mêmes conditions de vitesse et de nombre de véhicules, son tirage aurait été plus faible.

11 janvier 1865.	13 janvier 1865.
Périgueux à Limoges.	Périgueux à Limoges.
Graisse.	Huile.
(Matériel du Midi.)	(Matériel d'Orléans.)
28 wagons pesant 345ᵗ	28 wagons pesant. 340ᵗ
Effort par tonne en palier. 3ᵏᵍ.05	Effort par tonne en palier. 2ᵏᵍ.28

Vitesse 16 kilomètres.

REMARQUE. — Cette dernière expérience est plus concluante, car elle a été faite à égalité de nombre de véhicules et à égalité de tonnage.

La différence entre les 2 matériels est 0ᵏᵍ.77.

Nous devons cependant remarquer ici que cet excès de tirage ne doit pas être imputé entièrement au mode de graissage, mais également à une différence dans le diamètre des roues. Les roues d'Orléans ont 1ᵐ et celles du Midi ont 0ᵐ.900.

On peut admettre en effet que le graissage à la graisse, établi avec soin, donne en marche des résultats comparables à ceux du graissage à l'huile. Nous mentionnons à ce sujet une expérience faite en 1866 sur 20 wagons d'Orléans et 20 wagons de l'Ouest. Ces deux matériels étaient réunis en un seul train et précédés chacun d'un dynamomètre. On opérait ainsi dans les mêmes conditions de vitesse et de température.

5 mars 1866.

Temps sec, beaucoup de vent, température (5 à 10°).

Paris à Toury.

(Mátériel d'Orléans.)   (Matériel de l'Ouest.)

Huile.   Graisse.

20 wagons pesant . . . . 234'   20 wagons pesant . . . . 238'
Roues de 1ᵐ.   Roues de 1ᵐ.
wagons à rideaux.   wagons à volets.

1° Paris à Saint-Michel. Vitesse moyenne 25 kilomètres.
Effort par tonne en palier, 3ᵏˢ.37.   Effort par tonne en palier, 2ᵏˢ.80.

2° Saint-Michel à Étampes. Vitesse moyenne 28 kilomètres.
Effort par tonne en palier, 5ᵏˢ.48.   Effort par tonne en palier, 0ᵏˢ.99.

3° Étampes à Guillerval. Vitesse moyenne 20 kilomètres.
Effort par tonne en palier, 3ᵏˢ.94.   Effort par tonne en palier, 4ᵏˢ.03.

4° Étampes à Toury. Vitesse moyenne 22 kilomètres (grand vent).
Effort par tonne en palier, 4ᵏˢ.93.   Effort par tonne en palier, 4ᵏˢ.27.

D'après ce tableau, l'effort pour le matériel de l'Ouest a été un peu inférieur à celui du matériel d'Orléans.

Il convient de remarquer que les wagons d'Orléans étaient à rideaux et offraient par conséquent plus de prise au vent.

Mais certaines irrégularités accusées par les courbes dynamométriques nous font considérer les résultats de cette expérience comme entachés de quelque inexactitude. Ainsi, entre Saint-Michel et Étampes, l'effort total de traction indiqué par le dynamomètre de tête a été à plusieurs reprises inférieur à l'effort partiel indiqué par le dynamomètre du milieu. Un pareil fait ne peut s'expliquer que par des erreurs d'expérimentation. En général, l'emploi simultané de deux dynamomètres donne des indications moins précises que l'usage d'un seul dynamomètre attelé à des trains remorqués séparément.

En résumé, par suite des expériences faites sur le matériel de la Compagnie d'Orléans, le graissage à l'huile a toujours paru plus avantageux que celui à la graisse, et la transformation des anciennes boîtes à graisse de ses véhicules en boîtes à huile a donné pratiquement des résultats satisfaisants au point de vue de la dépense et de la diminution de la résistance de traction des trains.

Voici un tableau comparatif concernant le graissage à l'huile.

Dépense des boîtes à graisse et à huile des wagons de la Compagnie d'Orléans.

	DÉPENSES DE GRAISSAGE (HUILE ET GRAISSE).							DÉPENSES DE MATIÈRES CONSOMMÉES POUR L'ENTRETIEN DES BOÎTES.							DÉPENSE TOTALE.	
ANNÉES	PARCOURS total des wagons.	NOMBRE moyen de wagons en service. (Matériel d'Orléans.)	PARCOURS MOYEN d'un wagon.	NOMBRE de wagons à la graisse.	NOMBRE de wagons à l'huile.	DÉPENSE en argent. (Totale.)	MOYENNE de la dépense par 1000 kilom. et par wagon.	TAMPONS.		FEUTRES.		CUIRS.		MATIÈRE FUSIBLE.	PAR ANNÉE	PAR ANNÉE et par wagon.
								Nombre	Valeur a	Nombre	Valeur b	Nombre	Valeur c	Valeur d	$D + a + b + c + d = D'$.	$\dfrac{D'}{n}$
	p	n	$\dfrac{p}{n}$			D	$\dfrac{1000\,D}{p\,n}$									
	kilom.	nombre.	kilom.	nombre.	nombre.	francs.	francs.	nombre.	francs.	nombre.	francs.	nombre.	francs.	francs.	francs.	fr. c.
1858	154589511	8233	18770	9059	4590	150007	0.000117	»	»	»	»	»	»	»	»	»
1859	180010308	8828	21195	1531	7297	145072	0.000080	»	»	»	»	»	»	»	»	»
1860	190090173	8876	21007	1152	7624	139002	0.000079	»	»	»	»	»	»	»	»	»
1861	218933187	9158	23840	1014	8114	160111	0.000073	»	»	»	»	»	»	»	»	»
1862	274015487	10401	21531	983	9421	172757	0.000074	»	»	»	»	»	»	»	»	»
1863	251025017	11310	22236	801	10517	190728	0.000049	14650	12897	37508	11747	15518	4820	476	169669	14.99
1864	280051333	11620	24150	491	11134	119934	0.000037	22821	21670	68061	20170	33472	8702	504	170888	14.69
1865	301904433	12428	24402	302	12126	131860	0.000035	28384	22471	41260	10888	27828	5135	534	171217	13.77
1866	355080844	13707	25038	99	13008	145100	0.000030	30037	23428	41308	11591	20151	5037	616	185869	18.56

VI. — Influence de la Température.

Nous avons déjà dit qu'en été, et lorsque les wagons ont roulé un certain temps, le graissage à la graisse tend à donner une lubréfraction complète, et par suite un tirage sensiblement égal à celui de l'huile.

Mais il n'en reste pas moins constant que cette faculté disparaît en hiver, et diminue notablement par les temps un peu froids. Sans le secours d'aucun dynamomètre, la pratique de la traction a fait reconnaître depuis longtemps qu'en hiver le tirage est plus difficile avec la graisse qu'avec l'huile.

Ce fait est sensible, même avec les graisses fabriquées particulièrement pour cette saison.

Des expériences faites en décembre 1860, par une température de 4° au-dessous de 0, ont donné, à plusieurs reprises, des efforts par tonne (matériel à la graisse) supérieurs à 5^{kg}, pour une vitesse de 25 kilomètres (en palier).

La composition de la graisse était :

Huile de colza non épurée 55
Suif 15
Eau 28
Carbonate de soude. 2
Total. 100

En été, la proportion de suif allait jusqu'à 30, et celle d'huile descendait à 40.

Avec le graissage à l'huile, quelle que soit la température, nous n'avons jamais dépassé le chiffre de $3^{kg}.50$, pour la vitesse de 25 kilomètres (en palier).

VII. — Rampes et pentes.

Par des considérations géométriques très-simples, on reconnaît que sur une voie en pente un poids de 1000^{kg} ou d'une tonne sera sollicité à la descente par une force égale à 1^{kg} pour chaque millimètre d'inclinaison.

Ce principe est entièrement confirmé par la pratique.

Connaissant l'effort par tonne d'un matériel quelconque roulant sur une voie inclinée, on trouvera donc l'effet en palier dans les mêmes conditions de vitesse et de courbes, en retranchant de l'effort donné un nombre de kilogrammes égal au nombre de millièmes représentant l'inclinaison s'il s'agit d'une rampe, et en ajoutant ce nombre de kilogrammes s'il s'agit d'une pente.

VIII. — Mode d'attelage.

Dans les trains de voyageurs, on a l'habitude de serrer les attelages pour diminuer le mouvement de lacet, et pour éviter le choc des tampons les uns contre les autres.

Dans les trains de marchandises, la vitesse étant beaucoup plus faible, on ne redoute point ces inconvénients, et l'on trouve avantage à maintenir les attelages peu serrés pour les raisons suivantes :

Le démarrage est beaucoup plus difficile avec les attelages serrés qu'avec les attelages lâches. Cela s'explique aisément. La force à transmettre au train a besoin d'être plus considérable pour vaincre d'un seul coup l'inertie de la masse, que pour vaincre successivement les inerties partielles des différents éléments de cette masse.

L'examen des courbes dynamométriques fait bien ressortir ce fait. On constate à ce sujet des différences notables entre les démarrages des trains de voyageurs et ceux des trains de marchandises.

Ainsi l'effort par tonne, au démarrage des trains de voyageurs, peut s'élever jusqu'à 20 kilogr. (en palier).

Au démarrage des marchandises, il est généralement de 10 à 12 kilogr. (en palier).

Il est vrai de dire que l'effort développé à cet instant est parfois exagéré; il a pour but de communiquer plus rapidement au train une puissance vive. Les mécaniciens agissent ainsi pour se lancer. Aux trains de voyageurs omnibus, le besoin de se lancer est parfois justifié par la fréquence des arrêts.

Dans le passage des courbes, le mode d'attelage joue un certain rôle. Avec des tendeurs très-serrés, la résistance augmente notablement. Les trains de marchandises, qui présentent une grande longueur, éprouvent, dans ce cas, de grandes difficultés de traction.

IX. — Surface des wagons. Intensité et direction du vent.

La surface des wagons a une certaine influence sur la traction quand la vitesse atteint de 25 à 30 kilomètres; ou qu'il fait du vent.

Ainsi les wagons plates-formes à chargement peu élevé accusent un effort un peu plus faible que les wagons à caisse.

Le relevé de nos trains d'expérience montre que pour des vitesses inférieures à 35 kilom. et par un temps calme, le tirage des wagons plats ou à caisse est sensiblement le même.

Lorsqu'il fait un vent d'une certaine intensité, les conditions de traction deviennent difficiles. Sur le plateau de la Beauce, entre Étampes et

Orléans, des trains de marchandises ont été presque arrêtés par le vent. Des trains de voyageurs sont notablement retardés.

Voici une comparaison résultant d'une expérience directe, comprenant un train remorqué entre Orléans et Étampes, par un temps calme, et un train de même nature remorqué sur la même section par un grand vent de travers.

7 juillet 1857.	25 février 1858.
Orléans à Étampes.	Orléans à Étampes.
Temps calme.	Grand vent de travers.
35 wagons à caisse.	35 wagons à caisse.
Tonnage. . . . . . . 317^t	Tonnage. . . . . . . 363^t
(Graissage à la graisse.)	(Huile et graisse.)
Effort par tonne en palier. 3^{ks}.57	Effort par tonne en palier. 4^{ks}.95.
Vitesse 23 kilomètres.	Vitesse 23 kilomètres.

Il faut établir une différence entre la résistance de l'air due uniquement à la vitesse du train et celle qui est causée par un vent atmosphérique accidentel. Cette dernière varie énormément, et produit des effets difficiles à étudier expérimentalement, parce que la direction et l'intensité du vent changent à chaque instant.

Quant à la résistance de l'air par un temps calme, nous l'avons mesurée, dans une série de trains d'expérience, au moyen de 2 girouettes installées au-dessus du wagon dynamomètre, et dont l'une était orientée perpendiculairement à l'axe de la voie, l'autre dans le sens même de l'axe.

La girouette à surface perpendiculaire à l'axe du train indiquait les efforts dirigés suivant cet axe ou du moins leur résultante.

La girouette à surface parallèle à la face latérale des wagons, indiquait la résultante des actions latérales des courants d'air. Par un temps calme, cette girouette ne subissait aucune déviation.

Les déviations des girouettes, combattues par des ressorts d'une force connue, faisaient connaître l'intensité des courants d'air qui les frappaient.

On rapportait cette intensité à la surface du train soumise au courant d'air. D'après M. de Pambour, cette surface est égale à la surface d'avant du 1er wagon, augmentée de 1/7 pour chaque wagon qui suit.

D'après cela, pour un train de voyageurs de 8 voitures, on aurait la surface S = 13^{mq}.58.

Voici les résultats que nous avons obtenus pratiquement pour la résistance de l'air due uniquement à la vitesse.

TRAINS SPÉCIAUX (Juillet 1863).			
TRAINS à 15 kilomètres.	TRAINS à 30 kilomètres.	TRAINS à 45 kilomètres.	TRAINS à 60 kilomètres.
Tonnage : 167 tonn. 15 wagons.	Tonnage : 167 tonn. 15 wagons.	Tonnage : 73t.5. 8 wagons.	Tonnage : 73t.5. 8 wagons.
Résistance tot.: 29 kg.	Résistance tot.: 67 kg.	Résistance tot.: 48 kg.	Résistance tot.: 66 kg.
Par tonne : 0ks.17.	Par tonne : 0ks.40.	Par tonne : 0ks.66.	Par tonne : 0ks.89.

On voit que la résistance de l'air déplacé par le train augmente plus rapidement que la vitesse, mais moins vite cependant que le carré de cette vitesse.

X. — Influence de la Vitesse.

La vitesse a pour effet d'augmenter la traction d'une manière très-notable.

Cette influence n'est pas toujours accusée d'une façon très-régulière par les détails des courbes dynamométriques. Trop de causes étrangères à la vitesse, et influant également sur l'effort de traction, viennent modifier à chaque instant les résultats; mais, en considérant l'ensemble du travail développé pour le remorquage du train, on reconnaît que l'augmentation de vitesse, toutes autres conditions égales d'ailleurs, nécessite une augmentation d'effort.

Dans les courbes dynamométriques, la vitesse n'est pas toujours en rapport avec les efforts accusés au même instant. Il faut faire la part de la puissance vive, ainsi que nous l'avons expliqué. Il faut, ou rapporter le travail moyen du train à la vitesse moyenne, ou considérer des périodes de vitesse uniforme suffisamment longues.

Voici les efforts que nous avons trouvés à différentes vitesses, pour le matériel graissé à la graisse, dans des expériences faites spécialement dans ce but.

Graissage à la graisse.

Trains de marchandises.

24 août 1859.	24 août 1859.
Choisy à Paris.	Choisy à Paris.
16 wagons pesant 158t.65	16 wagons pesant 158t.51
Effort par tonne en palier. 3ks.42	Effort par tonne en palier. 3ks.60
Vitesse 15 kilomètres.	Vitesse 15 kilomètres.

24 août 1859.

Paris à Choisy.

16 wagons pesant 158ᵗ.15
Effort par tonne en palier. 4ᵏᵍ.28
Vitesse 30 kilomètres.

24 août 1859.

Paris à Choisy.

16 wagons pesant 158ᵗ.51
Effort par tonne en palier. 4ᵏᵍ.35
Vitesse 30 kilomètres.

Pour les différents trains que nous avons cités dans ce mémoire, on remarquera qu'en général, à la vitesse de 25 kilomètres, l'effort par tonne (en palier) est compris entre les deux valeurs ci-dessus, 3ᵏ.60 et 4ᵏ.35.

Graissage à la graisse.

Trains de voyageurs.

2 septembre 1857.

Paris à Orléans.

16 voitures pesant 107ᵗ
Effort par tonne en palier. 6ᵏᵍ.67
Vitesse 45 kilomètres.

10 septembre 1857.

Paris à Orléans.

15 voitures pesant 106ᵗ
Effort par tonne en palier. 5ᵏᵍ.79
Vitesse 45 kilomètres.

11 septembre 1857.

Paris à Orléans.

14 voitures pesant 96ᵗ
Effort par tonne en palier. 7ᵏᵍ.68
Vitesse 45 kilomètres.

11 septembre 1857.

Paris à Orléans.

13 voitures pesant. 96ᵗ
Effort par tonne en palier. 7ᵏᵍ.42
Vitesse 50 kilomètres.

2 septembre 1857.

Paris à Orléans.

10 voitures pesant 74ᵗ
Effort par tonne en palier. 8ᵏᵍ72
60 kilomètres.

Avec le graissage à l'huile, les valeurs obtenues aux différentes vitesses sont notablement plus faibles; mais on observe néanmoins que l'accroissement de l'effort par tonne est lié avec l'accroissement de la vitesse.

Nous avons fait un grand nombre de trains dans toutes les conditions de vitesse.

Nous donnons ci-après le relevé d'expériences dynamométriques faites, en 1863 et 1865, dans des conditions spéciales pour rechercher la loi de variation de l'effort par tonne, suivant la vitesse.

La méthode de calcul employée a été la suivante :

Méthode suivie pour la recherche de l'effort par tonne en palier.

Étant donnée la courbe des efforts par tonne d'un train remorqué, l'aire de cette courbe représente le travail absorbé par la traction d'une tonne pendant tout le trajet considéré. On obtient l'effort moyen du trajet en divisant l'aire de la courbe par le chemin total parcouru.

Mais, pour ramener cet effort moyen à celui en palier, c'est-à-dire pour le corriger de l'influence de la gravité variable avec le profil, il faut retrancher de chaque effort observé 1 kilogramme par millième de rampe, ou ajouter à chaque effort 1 kilogramme par millième de pente.

Fig. 1.

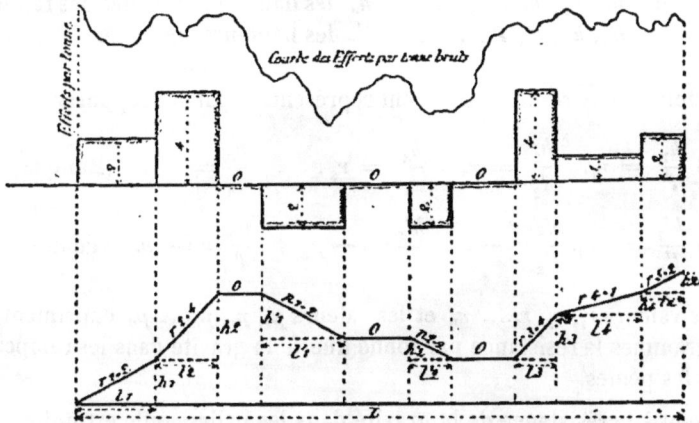

Cette règle est absolue, quelle que soit la variation de la vitesse pendant le trajet. En se reportant à la figure 1, on voit que cette opération revient à construire des rectangles ayant pour bases les longueurs des pentes ou rampes et pour hauteur le nombre de millièmes que représente l'inclinaison. Il est bien entendu que, les efforts par tonne bruts et l'action de la gravité étant des unités de même nature, c'est-à-dire des kilogrammes, on doit employer pour la hauteur des rectangles la même échelle que pour les ordonnées de la courbe des efforts.

Les rampes donnent des rectangles situés au-dessus de la ligne des abscisses, ou affectés du signe *plus*. Les pentes donnent des rectangles situés au-dessous de la ligne des abscisses, ou affectés du signe *moins*. Les paliers se réduisent à une simple ligne qui se confond avec la ligne des abscisses; ils donnent des surfaces *nulles*.

C'est la somme algébrique de tous ces rectangles, pris avec leurs signes respectifs, qui représente le travail de la gravité, et qui doit être retranchée du travail brut accusé par la courbe des efforts par tonne.

Ici intervient une simplification des plus heureuses qui abrége considérablement les opérations.

En effet, *la somme algébrique des rectangles construits sur les diverses portions du profil peut toujours être remplacée par un rectangle équivalent, ayant pour base la longueur totale du trajet et pour hauteur la hauteur moyenne des rectangles. Or, cette hauteur moyenne est justement égale à la différence des altitudes des deux extrémités du profil considéré, divisé par la longueur totale du profil.*

Voici la démonstration :

Soient : l_1, l_2, l_3 . . . . l_n les longueurs des rampes,
l'_1, l'_2, l'_3 . . . . l'_n les longueurs des pentes,
Soient : h_1, h_2, h_3 . . . . . . h_n les hauteurs verticales des rampes,
h'_1, h'_2, h'_3 . . . . . . h'_n les hauteurs verticales des pentes,

les inclinaisons respectives seront représentées par les rapports :

$$(1)\quad \frac{h_1}{l_1} = r_1, \quad \frac{h_2}{l_2} = r_2, \quad \frac{h_3}{l_3} = r_3 \ldots \frac{h_n}{l_n} = r_n \qquad \text{(Rampes)}.$$

$$(2)\quad \frac{h'_1}{l'_1} = -p_1, \quad \frac{h'_2}{l'_2} = -p_2, \quad \frac{h'_3}{l'_3} = -p_3 \ldots \frac{h'_n}{l'_n} = -p_n \quad \text{(Pentes)}.$$

Les valeurs r_1, r_2, r_3.... r_n et les valeurs p_1, p_2, p_3.... p_n expriment en kilogrammes la résistance par tonne due à la gravité dans les rampes et dans les pentes.

Quant à la résistance de la gravité dans les paliers, elle est nulle.

Soient L la longueur totale du parcours,
L_1 la longueur cumulée des portions en palier,
S la quadrature des efforts de la gravité, ou la somme algébrique des rectangles partiels,
x la hauteur inconnue du rectangle de surface équivalente à S et de base L,

on aura évidemment pour expression du rectangle équivalent :

$$S = L \times x = \begin{array}{l} r_1 l_1 + r_2 l_2 + r_3 l_3 \ldots \ldots \ + r_n l_n, \\ -p_1 l_1 - p_2 l_2 - p_3 l_3 \ldots \ldots \ - p_n l_n, \\ + L_1 \times 0. \end{array}$$

Remarque. Le terme $L_1 \times 0$ étant nul, on peut le supprimer.

Remplaçons les inclinaisons par leurs valeurs respectives données par les équations (1) et (2), on aura :

$$L \times x = \frac{h_1 l_1}{l_1} + \frac{h_2 l_2}{l_2} + \frac{h_3 l_3}{l_3} \cdots + \frac{h_n l_n}{l_n}$$
$$- \frac{h'_1 l'_1}{l'_1} - \frac{h'_2 l'_2}{l'_2} - \frac{h'_3 l'_3}{l'_3} \cdots - \frac{h'_n l'_n}{l'_n};$$

ou :

$$L \times x = h_1 + h_2 + h_3 \cdots + h_n$$
$$- h'_1 - h'_2 - h'_3 \cdots - h'_n .$$

Si on se rapporte à la figure, on voit que la différence des altitudes des deux points extrêmes du trajet est précisément exprimée par le second membre de cette équation.

Appelons cette différence H, il viendra :

$$Lx = H,$$

d'où :
$$x = \frac{H}{L} \text{ (ce qu'il fallait démontrer).}$$

On voit de suite l'usage qu'on peut tirer de cette facile détermination de la hauteur x du rectangle équivalent aux rectangles partiels.

On fait la différence des altitudes extrêmes ; on la divise par la longueur totale du trajet. Le quotient donne en millièmes l'inclinaison moyenne du profil. C'est ce nombre de millièmes qui représente en kilogrammes la résistance par tonne due à la gravité sur tout le trajet considéré.

Il ne reste plus qu'à retrancher cette résistance de l'effort moyen donné par la courbe des efforts bruts par tonne et l'on obtient l'*effort par tonne en palier*.

En général, pour éviter la cause d'erreurs résultant des freins serrés, nous n'avons pas opéré avec le dynamomètre dans les pentes où l'on est obligé de fermer le régulateur. On peut constater sur les tableaux ci-après que l'effort du moteur est toujours accusé par un certain nombre de kilogrammes.

Variation de l'effort par tonne suivant la vitesse.

Pour faire la recherche de la loi de variation de l'effort par tonne de train, suivant la vitesse, on a formé des trains dont le poids était très-exactement déterminé. Ces trains ont parcouru à différentes vitesses des profils compris entre Paris et Éguzon. Un dynamomètre placé entre la machine et le wagon de tête accusait à chaque instant les efforts développés au crochet du tender, et ce sont les moyennes de ces efforts

3

tracés par le dynamomètre qui se trouvent consignées dans les tableaux ci-joints, kilomètre par kilomètre.

On a fait la somme de ces efforts partiels, pour chaque parcours sans arrêt, et on l'a divisée par le nombre de kilomètres du trajet. On a obtenu ainsi l'*effort moyen* pour tout le trajet.

On a fait la somme des vitesses et on l'a divisée par le nombre de kilomètres. On a obtenu ainsi la *vitesse moyenne* pour tout le trajet.

L'*effort moyen* obtenu est celui qui correspond à la *vitesse moyenne*.

La correction de la gravité a été faite en retranchant de l'effort moyen par tonne 1 kilogramme par millimètre de rampe du profil moyen.

Les trains expérimentés ont été enregistrés et calculés, comme il est indiqué sur les tableaux suivants :

Tableau n° 1. — MACHINE 130 (à 4 roues accouplées).

Trains spéciaux à 15 kilomètres.

DÉSIGNATION du train.	STATIONS extrêmes du parcours.	NUMÉROS des poteaux.	VITESSES.	EFFORTS moyens.	Détermination de l'effort moyen par tonne en palier.
			kil.	kilg.	
7 juill. 1863. Train spécial à 15 kilom., composé de 15 wagons à marchandises lestés, pesant 167t.500.	Juvisy. Saint-Michel.	20 21 22 23 24 25 26	13 15 16 16 16 12	750 825 825 815 790 800	Altitude du poteau 20 = 41m m. Altitude du poteau 26 = 60m.10. Différence = 19m.10. La rampe moyenne entre le poteau 20 et le poteau 26 est $\frac{19^m.20}{6000} = 0^m.00318$. La moyenne des efforts obtenus entre les deux poteaux étant 801 kilom., l'effort par tonne de train (le train pesant 167t.500) est $\frac{801}{167^t.5} = 4^{kl}.78$. En retranchant l'effort de 3kl.18 dû à la rampe, il reste, pour remorquer le train en palier, sur les 6 kilomètres, à la vitesse de 14km.6, un effort de 1kl.600.
8 juill. 1863. Train spécial à 15 kilom., composé de 15 wagons à marchandises pesant 167t.500.	Étampes. Guillerval.	56 57 58 59 60 61 62 63 64 65 66	20 13 10 16 14 13 12 14 14 17	715 1125 1650 1700 1412 1450 1375 1100 415 410	Altit. du poteau 56 = 90m.99. Altit. du poteau 66 = 144m.80. Différence = 53m.81. La rampe moyenne entre le poteau 56 et le poteau 66 est $\frac{53^m.81}{10000} = 0^m.00538$. La moyenne des efforts obtenus entre les deux poteaux étant 1133, l'effort par tonne de train (le train pesant 167t.500) est $\frac{1135}{167^t.5} = 6^{kl}.77$. En retranchant l'effort de 5kl.38 dû à la rampe, il reste, pour remorquer le train en palier, sur les 10 kilomètres, à la vitesse moyenne de 14km.3, un effort de 1kl.390.
9 juill. 1863. Train spécial à 15 kilom., composé de 15 wagons à marchandises pesant 167t.500.	La Ferté.	144 143 142 141 140 139	10 14 17 17 19	869 1125 1125 1038 475	Altitude du poteau 144 = 107 mètres. Altitude du poteau 139 = 127 mètres. Différence = 20 mètres. La rampe moyenne entre les poteaux 144 et 139 = 0m.004. La moyenne des efforts obtenus entre les deux poteaux étant 926 kil., l'effort par tonne de train (le train pesant 167t.500) est $\frac{926}{167^t.5} = 5^{kl}.52$. En retranchant l'effort de 4 kilg. absorbé pour remonter la rampe, il reste, pour remorquer le train en palier, sur les 5 kilomètres, à la vitesse moyenne de 15 kilom., un effort de 1kl.520.
	Orléans.	130 129 128 127 126 125 124 123 122	16 15 16 18 14 15 16 14	275 455 480 512 1000 730 959 1313	Altitude du poteau 130 = 106 mètres. Altitude du poteau 122 = 118 mètres. Différence = 18 mètres. La rampe moyenne entre le poteau 130 et le poteau 122 est $\frac{18}{8000} = 0.00223$. La moyenne des efforts obtenus entre les deux poteaux étant 714 kilog., l'effort par tonne de train (le train pesant 167t.500) est $\frac{714}{167^t.5} = 4^{kl}.26$. En retranchant l'effort de 2kl.23 absorbé pour monter la rampe, il reste, pour remorquer le train en palier sur les 8 kilomètres, à la vitesse de 15km.5, un effort de 2kg.030.
11 juill. 1863. Train spécial à 15 kilom., composé de 15 wagons à marchandises lestés, pesant 167t.500.	Argenton. Célon.	297 298 299 300 301 302 303 304 305	10 14 14 14 15 14 15 15 15	2000 2000 1750 1925 1975 1859 1875 1875 1275	Altitude du poteau 297 = 127 mètres. Altitude du poteau 305 = 206 mètres. Différence = 79 mètres. La rampe moyenne entre le poteau 297 et le 305 = $\frac{79}{8000}$ = 0.00987. Moyenne des efforts obtenus entre ces deux poteaux = 1831kr. Effort par tonne correspondant $\frac{1831}{167.5} = 10^{kl}.93$. Effort en palier = 10.93 − 9.87 = 1kr.060 à la vitesse de 14km.

Suite du tableau n° 1. — MACHINE 130 (à 4 roues accouplées).
Trains spéciaux à 15 kilomètres.

DÉSIGNATION du train.	STATIONS extrêmes du parcours.	NUMÉROS des poteaux	VITESSES	EFFORTS moyens.	Détermination de l'effort moyen par tonne en palier.
	Célon.	306	17	1850	Altitude du poteau 306 = 212^m. Altitude du poteau 323 = 324 mètres. Différence = 112 mètres.
		307	15	1637	
		308	16	1200	Rampe moyenne entre les poteaux 306 et 323 = $\frac{112}{17000}$
		309	13	1800	= 0.00659.
		310	14.5	1850	Moyenne des efforts obtenus entre ces deux poteaux = 1331^{kg}.
		311	13.6	1441	
		312	15.5	1063	Effort par tonne correspondant $\frac{1331}{167.5}$ = 7^{kg}.94.
		313	14.5	1100	
		314	16	1350	Effort en palier = 794 — 6.59 = 1^{kg}.350 à la vitesse de 15^{km}.3.
		315	14.5	1275	
		316	17	912	
		317	15	1200	
		318	16	1250	
		319	16	1225	
		320	15	1175	
		321	17	1175	
		322	13.6	1128	
	St-Sébastien.	323			
		324	16	1188	Altitude du poteau 324 = 329 mètres. Altitude du poteau 330 = 364 mètres. Différence = 35 mètres.
		325	13.6	1275	
		326	17	1250	Rampe moyenne entre les poteaux 324 et 333 = $\frac{35}{6000}$
		327	15.8	1175	= 0.00583.
		328	14.5	1050	Moyenne des efforts obtenus entre ces deux poteaux 1178^{kg}.
	Forgevieille.	329	15	1128	Effort par tonne correspondant $\frac{1178}{167.5}$ = 7^{kg}.03.
		330			Effort en palier = 703 — 5.83 = 1^{kg}.200 à la vitesse de 15 kilomètres.

Machine 130. Courbe des trains à 15 kilomètres.

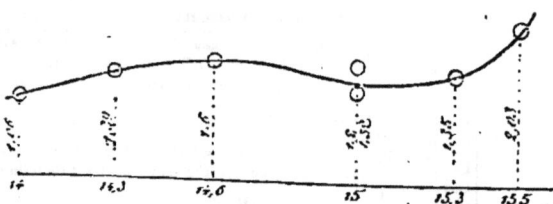

NOTA. Voir sur la planche 3 la courbe d'ensemble des résultats fournis par la machine 130 à différentes vitesses.

Tableau n° 2. — MACHINE 130 (à 4 roues accouplées).
Trains spéciaux à 30 kilomètres.

DÉSIGNATION du train.	STATIONS extrêmes du parcours.	NUMÉROS des poteaux.	VITESSES.	EFFORTS moyens.	Détermination de l'effort moyen par tonne en palier.
7 juil. 1863. Train spécial à 30 kilom., composé de 15 wagons à marchandises lestés, pesant 167t.500.	Paris. Choisy.	0 1 2 3 4 5 6 7 8 9	20 26 28 28 28 27 30 28 29	790 465 300 325 375 450 465 515 475	Altitude du poteau 0 = 35m,65. Altitude du poteau 9 = 38m. Différence = 2m.35. La rampe moyenne entre le poteau 0 et le poteau 9 est $\frac{2^m.35}{9000} = 0^m.00037.$ La moyenne des efforts obtenus entre les deux poteaux étant 492t., l'effort par tonne de train (le train pesant 167t.500) sera $\frac{492}{137.5} = 2^t.93.$ En retranchant l'effort 0t.37 dû à la rampe, il reste, pour remorquer le train en palier, sur les 9 kilomètres, et à la vitesse de 27 kilomètres à l'heure, un effort de 2t.650.
	Juvisy. Saint-Michel.	20 21 22 23 24 25 26	27 29 30 30 30 30	775 825 900 850 659 850	Altitude du poteau 20 = 41 mètres. Altitude du poteau 26 = 60m.10. Différence = 19m.10. La rampe moyenne entre le poteau 20 et le poteau 26 est $\frac{19^m.10}{6000} = 0^m.00318.$ La moyenne des efforts obtenus entre les deux poteaux étant 808, l'effort par tonne de train (le train pesant 167t.500) est $\frac{808}{167.5} = 4^t.82.$ En retranchant l'effort 3t.18 dû à la rampe, il reste, pour remorquer le train en palier, sur les 6 kilomètres, et à la vitesse de 29 kilomètres, un effort de 1t.640.
8 juil. 1863. Train spécial à 30 kilom., composé de 15 wagons à marchandises lestés, pesant 167t.500.	Étampes. Guillerval.	56 57 58 59 60 61 62 63 64 65	30 30 19 19 24 30 36 36 37	1090 1090 1425 1660 1900 1820 1620 1207 700	Altitude du poteau 56 = 90m.99. Altitude du poteau 65 = 144.76. Différence = 53m.71. La rampe moyenne entre le poteau 56 et le poteau 65 est $\frac{53^m.71}{9000} = 0.00597.$ La moyenne des efforts obtenus entre ces deux poteaux étant 1390t., l'effort par tonne de train (le train pesant 167t.500) est $\frac{1390}{167.5} = 8.29.$ En retranchant l'effort 5t.97 dû à la rampe, il reste, pour remorquer le train en palier, sur les 9 kilomètres, et à la vitesse de 29 kilomètres à l'heure, un effort de 2t.320.
11 juil. 1863. Train spécial à 30 kilom., composé de 15 wagons à marchandises lestés, pesant 167t.500.	Argenton. Célon.	295 296 297 298 299 300 301 302 303 304 305	23 24 26 29 31 27 21 16 15 15 21	1525 2020 2121 2125 2075 1725 1685 1775 1875 1630	Altitude du poteau 295 = 112 mètres. Altitude du poteau 322 = 319 mètres. Différence = 207 mètres. La rampe moyenne entre le poteau 295 et le poteau 301 est $\frac{207}{27000} = 0.00766.$ Moyenne des efforts obtenus entre ces deux poteaux = 1660t. Effort par tonne correspondant $\frac{1660}{167.5} = 9^t.99.$ Effort en palier = 9.99 — 7.66 = 2t.330, à la vitesse de 23km.7.
	Éguzon. St-Sébastien.	317 318 319 320 321 322	31 33 31 28 30	1250 1300 1255 1140 1400	Nota. — Entre les poteaux 305 et 317, le profil moyen est sensiblement 0.007. Le train ne s'est pas arrêté avant Saint-Sébastien; mais la courbe dynamométrique manque entre ces deux poteaux, par suite d'un dérangement de l'appareil. La valeur 2t.330 n'est donc qu'approximative.

Suite du tableau n° 2. — MACHINE 130 (à 4 roues accouplées).

Trains spéciaux à 30 kilomètres.

DÉSIGNATION du train.	STATIONS extrêmes du parcours.	NUMÉROS des poteaux.	VITESSES.	EFFORTS moyens.	Détermination de l'effort moyen par tonne en palier.
	St-Sébastien.	324	29	1525	Altitude du poteau 324 = 329 mètres. Altitude du poteau 328 = 353 mètres. Différence = 24 mètres.
		325	32	1455	La rampe moyenne entre le poteau 324 et le poteau 328 est
		326	34	1315	$\frac{24}{4000} = 0.00600$.
		327	34	1340	Moyenne des efforts obtenus entre ces deux poteaux = 1409^{k}.
		328			Effort par tonne correspondant $\frac{1409}{167.5} = 8^{k}.41$.

Effort en palier = 8.41 — 6.00 = 2^{k}.410, à la vitesse de 32 kilomètres.

Machine 130. Courbe des trains à 30 kilomètres.

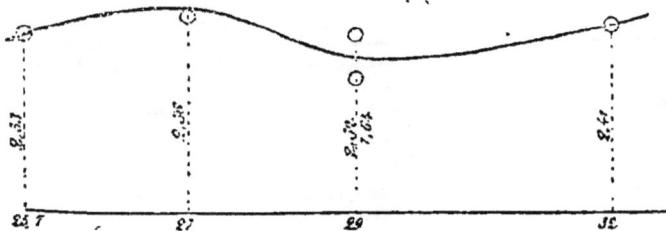

Tableau n° 3. — MACHINE 130 (à 4 roues accouplées).
Trains spéciaux à 45 kilomètres.

DÉSIGNATION du train.	STATIONS extrêmes du parcours.	NUMÉROS des poteaux.	VITESSES.	EFFORTS moyens.	Détermination de l'effort moyen par tonne en palier.
9 juill. 1863. Train spécial à 45 kilom., composé des 8 premiers wagons lestés du train précédent. Poids 73t.500.	Paris.	1	32	450	Altitude du poteau 1 = 35m.30. Altitude du poteau 9 = 38 m. Différence = 2m.70. La rampe moyenne entre le poteau 1 et le poteau 9 est $\frac{2^m.70}{8000} = 0^m.00034$. La moyenne des efforts obtenus entre ces deux poteaux étant 264 kg., l'effort par tonne de train (le train pesant 73t.500) est $\frac{264}{73.5} = 3^{kg}.59$. En retranchant l'effort de 0kg.34 dû à la rampe, il reste, pour remorquer le train en palier, sur les 8 kilomètres, et à une vitesse moyenne de 42 kilom. à l'heure, un effort de 3kg.250 par tonne.
		2	40	325	
		3	42	275	
		4	45	310	
		5	48	310	
		6	48	200	
		7	43	120	
		8	38	120	
	Choisy.				
		9			
	Juvisy.	20	42	450	Altitude du poteau 20 = 41 m. Altit. du poteau 27 = 63m.60. Différence = 22m.60. La rampe moyenne entre le poteau 20 et le poteau 27 est $\frac{22^m.60}{7000} = 0.00327$. La moyenne des efforts obtenus entre ces deux poteaux étant 433 kg., l'effort par tonne de train (le train pesant 73t.500) est $\frac{433}{73.5} = 5.^{kg}89$. En retranchant l'effort de 3kg.27 dû à la rampe, il reste, pour remorquer le train en palier, sur les 7 kilom., et à une vitesse de 44 kilom. à l'heure, un effort de 2kg.620 par tonne.
		21	43	400	
		22	42	425	
		23	48	500	
		24	44	450	
		25	46	385	
	Saint-Michel.	26	43	420	
8 juill. 1863. Train spécial à 45 kilom., composé des 8 wagons lestés, pesant 73t.500.	Étampes.	56	27	675	Altit. du poteau 56 = 90m.99. Altit. du poteau 65 = 144m.70. Différence = 53m.71. La rampe moyenne entre le poteau 56 et le poteau 65 est $\frac{53^m.71}{9000} = 0.00597$. La moyenne des efforts obtenus entre ces deux poteaux étant 703 kg., l'effort par tonne de train (le train pesant 73t.500) est $\frac{703}{73.5} = 9^{kg}.55$. En retranchant l'effort de 5kg.97 par tonne de train dû à la rampe, il reste, pour remorquer le train en palier, sur les 9 kilom., et à une vitesse de 41 kilom. à l'heure, un effort de 3kg.590 par tonne.
		57	42	700	
		58	45	775	
		59	38	850	
		60	41	850	
		61	45	900	
		62	45	850	
		63		450	
	Guillerval.	64	47	390	
			43		
9 juill. 1863. Train spécial à 45 kilom., 8 wagons lestés, pesant 73t.500.	La Ferté.	144	40	790	
		143	43	715	
		142	51	800	
		141	50	570	
		140	56	445	
		139			
		130	54	150	Altitude du poteau 130 = 100 mètres. Altitude du poteau 122 = 118 mètres. Différence = 18 mètres. La rampe moyenne entre le poteau 130 et le poteau 122 est $\frac{18}{8000} = 0.00233$. La moyenne des efforts obtenus entre ces deux poteaux étant 434 kg., l'effort par tonne de train (le train pesant 73t.500) est $\frac{434}{73.5} = 5^{kg}.88$. En retranchant l'effort de 2kg.33 par tonne dû à la rampe, il reste, pour remorquer le train en palier, sur les 8 kilomètres, et à une vitesse de 54 kilomètres à l'heure, un effort de 3kg.550 par tonne.
		129	51	150	
		128	45	230	
		127	50	430	
		126	50	625	
		125	51	600	
		124	58	625	
		123	52		
	Orléans.	122			

Suite au tableau n° 3. — MACHINE 130 (à 4 roues accouplées).
Trains spéciaux à 45 kilomètres.

DÉSIGNATION du train.	STATIONS extrêmes du parcours.	NUMÉROS des poteaux.	VITESSES.	RAPPORTS moyens.	Détermination de l'effort moyen par tonne en palier.
11 juil. 1863. Train spécial à 45 kilom. 8 wagons lestés, pesant 73ᵗ.500.	Argenton.	296	41	1230	Altitude du poteau 296 = 117 mètres. Altitude du poteau 315 = 277ᵐ.50. Différence = 160ᵐ.50. La rampe moyenne entre le poteau 296 et le poteau 315 est $\frac{160^m.50}{19000} = 0.00844.$ La moyenne des efforts obtenus entre ces deux poteaux étant 817 kg., l'effort par tonne de train (le train pesant 73ᵗ.500) est $\frac{817}{73.5} = 11^{kg}.11.$ En retranchant l'effort de 8ᵏᵍ.44 par tonne dû à la rampe, il reste, pour remorquer le train en palier, sur les 19 kilomètres, et à une vitesse moyenne de 38 kilomètres à l'heure, un effort de 2ᵏᵍ.670 par tonne.
		297	46	970	
		298	45	915	
		299	41	965	
		300	41	1015	
		301	46	1000	
		302	44	915	
		303	40	735	
		304	37	575	
		305	35	575	
	Celon.	306	21	535	
		307	21	635	
		308	31	780	
		309	38	975	
		310	33	825	
		311	34	850	
		312	40	750	
		313	43	650	
		314	43	675	
		315		630	
	Éguzon.	317	37	830	Altitude du poteau 317 = 286 mètres. Altitude du poteau 322 = 319 mètres. Différence = 33 mètres. La rampe moyenne entre le poteau 317 et le poteau 322 est $\frac{33}{5000} = 0.00660.$ La moyenne des efforts obtenus entre ces deux poteaux étant 712 kg., l'effort par tonne de train (le train pesant 73ᵗ.500) est $\frac{712}{73.5} = 9.68.$ En retranchant l'effort de 6ᵏᵍ.60 dû à la rampe, il reste, pour remorquer le train en palier, sur les 5 kilomètres, et à la vitesse de 47 kilomètres à l'heure, un effort de 3ᵏᵍ.080 par tonne.
		318	45	860	
		319	52	760	
		320	52	585	
		321	48	525	
	St-Sébastien.	322			
		324	35	740	Altitude du poteau 324 = 329 mètres. Altitude du poteau 330 = 364 mètres. Différence = 35 mètres. La rampe moyenne entre le poteau 324 et le poteau 330 est $\frac{35}{6000} = 0.00583.$ La moyenne des efforts obtenus entre ces deux poteaux étant 677 kg., l'effort par tonne de train (le train pesant 73ᵗ.500) est $\frac{677}{73.5} = 9.21.$ En retranchant l'effort de 5ᵏᵍ.38 dû à la rampe, il reste, pour remorquer le train en palier, sur les 6 kilomètres, et à la vitesse de 45 kilom. à l'heure, un effort de 3ᵏᵍ.380 par tonne.
		325	42	700	
		326	45	700	
		327	48	700	
		328	50	650	
		329	50	575	
	Forgevieille.	330			

Machine 130. Courbe des trains à 45 kilomètres.

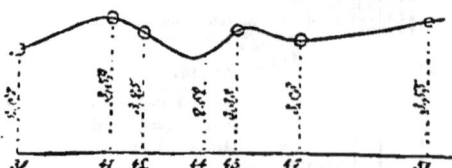

Tableau n° 4. — MACHINE 130 (à 4 roues accouplées).
Trains spéciaux à 60 kilomètres.

DÉSIGNATION du train.	STATIONS extrêmes du parcours.	NUMÉROS des poteaux.	VITESSES.	EFFORTS moyens.	Détermination de l'effort moyen par tonne en palier.
7 juillet 1863. Train spécial à 60 kilom., 8 wagons pesant 73ᵗ.500.	Paris.	0	27	500	Altitude du poteau 0 = 35m.65. Altit. du poteau 9 = 37m.91. Différence = 1m.26.
		1	39	500	
		2	48	500	La rampe moyenne entre les poteaux 1 et 8 est $\frac{1.26}{9000} = 0.00014$.
		3	57	500	
		4	58	510	Moyenne des efforts obtenus entre les deux poteaux 442 kilogr.
		5	62	515	Effort par tonne correspondant $\frac{442}{73.5} = 6\text{kg}.01$.
		6	65	450	
		7	63	430	Effort en palier 6kg.01 — 0.14 = 5kg.870 à la vitesse moyenne de 53 kilom. Courbe de 1200 mètres et alignements.
	Choisy.	8	60	285	
		9			NOTA. Trajet très-court, travail considérable des freins pour l'arrêt. La valeur 5 kilg. 870 est évidemment exagérée.
	Juvisy.	19	48	350	Altitude du poteau 19 = 38 mètres. Altitude du poteau 27 = 63m.60. Différence = 25m.60.
		20	58	475	
		21	60	590	Rampe moyenne entre les poteaux 19 et 27 $\frac{25.60}{8000} = 0.00320$.
		22	62	580	
		23	60	590	Moyenne des efforts obtenus entre les deux poteaux, 543 kilog.
		24	55	600	
		25	58	600	Effort par tonne correspondant $\frac{543}{73.5} = 7\text{kg}.45$.
		26	63	600	
	Saint-Michel.	27			Effort en palier = 7kg.45 — 3kg.20 = 4kg.250, à la vitesse moyenne de 58 kilomètres. Courbes de 1000 mètres nombreuses.
8 juill. 1863. Train spécial à 60 kilom., 8 wagons pesant 73ᵗ.500.	Etampes.	56	38	875	Altitude du poteau 56 = 90m.99. Altitude du poteau 66 = 144m.80. Différence = 53m.81.
		57	54	785	
		58	50	810	La rampe moyenne entre le poteau 56 et le poteau 66 est $\frac{53.81}{10000} = 0.00538$.
		59	51	775	
		60	52	950	Moyenne des efforts obtenus entre les deux poteaux 750 kilogr.
		61	57	900	
		62	53	950	Effort par tonne correspondant $\frac{750}{73.5} = 10\text{kg}.20$.
		63	66	700	
		64	60	450	Effort en palier = 10kg.20 — 5kg.38 = 4kg.820 à la vitesse de 54 kilomètres.
	Guilleval.	65	57	300	
		66			Courbes de 1400 mètres nombreuses.
9 juill. 1863. Train spécial à 60 kilom., 8 wagons pesant 73ᵗ.500.	La Ferté.	144	40	800	Altitude du poteau 144 = 107 mètres. Altitude du poteau 122 = 118 mètres. Différence = 11 mètres.
		143	47	800	
		142	50	800	La rampe moyenne entre le poteau 144 et le poteau 122 est $\frac{11\text{m}}{22000} = 0.00050$.
		141	58	700	
		140	54	300	Moyenne des efforts obtenus entre ces deux poteaux 419 kilog.
		139	62	290	Effort par tonne correspondant 5kg.70.
		138	62	310	
		137	68	325	Effort en palier = 5kg.70 — 0kg.50 = 5kg.200, à la vitesse moyenne de 61 kilomètres.
		136	67	310	Courbes de 3000 mètres et alignements.
		135	60	235	
		134	69	200	
		133	73	200	
		132	62	200	
		131	70	210	
		130	72	220	
		129	80	210	
		128	62	310	
		127	65	490	
		126	66	465	
		125	69	490	
		124	65	585	
		123	60	710	
	Orléans.	122			

Suite du tableau n° 4. — MACHINE 130 (à 4 roues accouplées).
Trains spéciaux à 60 kilomètres.

DÉSIGNATION du train.	STATIONS extrêmes du parcours.	NUMÉROS des poteaux.	VITESSE.	EFFORTS moyens.	Détermination de l'effort moyen par tonne en palier.
10 juil. 1863. Train spécial à 60 kilom., 8 wagons pesant 73t.300.	Argenton.	295	32	1025	Altitude du poteau 295 = 112 mètres. Altitude du poteau 305 = 206 mètres. Différence = 94 mètres.
		296	45	1125	La rampe moyenne entre le poteau 295 et le poteau 305 est
		297	49	1200	$\frac{94}{10000}$ = 0.00940.
		298	51	1088	
		299	54	1050	Moyenne des efforts obtenus entre ces deux poteaux = 1032kg.
		300	54	1025	
		301	52	1088	Effort par tonne correspondant $\frac{1032}{73.3}$ = 14kg.04.
		302	56	1088	
		303	56	988	Effort en palier = 14kg.04 — 9kg.40 = 4kg.640, à la vitesse moyenne de 51 kilom.
		304	58	644	
		305			Courbes de 1000 mètres nombreuses.
11 juil. 1863. Train spécial à 60 kilom., 8 wagons pesant 73t.500.	Célon.	306	37	1255	Altitude du poteau 306 = 212 mètres. Altitude du poteau 323 = 324 mètres. Différence = 112 mètres.
		307	48	1220	La rampe moyenne entre le poteau 306 et le poteau 323 est
		308	60	1040	$\frac{112}{17000}$ = 0.00659.
		309	58	905	
		310	52	930	Moyenne des efforts obtenus entre ces deux poteaux = 781kg.
		311	55	970	
		312	55	705	Effort par tonne correspondant $\frac{781}{73.5}$ = 10kg.63.
		313	57	690	
		314	50	685	Effort en palier = 10kg.63 — 6kg.59 = 4kg.04, à la vitesse moyenne de 49 kilomètres.
		315	52	725	
		316	50	800	Courbes de 1000 mètres.
		317	58	700	
		318	53	650	
		319	51	600	
		320	32	445	
		321	29	740	
		322	32	210	
		323			
	St-Sébastien.	324	52	1055	Altitude du poteau 324 = 329 mètres. Altitude du poteau 331 = 368 mètres. Différence 39 mètres.
		325	61	950	La rampe moyenne entre le poteau 324 et le poteau 331 est
		326	62	810	$\frac{39}{7000}$ = 0.00557.
		327	62	769	
		328	65	700	Moyenne des efforts obtenus entre ces deux poteaux 753 kilogr.
		329	60	565	
		330	61	430	Effort par tonne correspondant $\frac{753}{73.5}$ = 10kg.24.
	Forgeville.	331			Effort en palier = 10kg.24 — 5kg.57 = 4kg.67, à la vitesse de 61 kilomètres. Courbes de 1000 mètres.

Machine 130. Courbe des trains à 60 kilomètres.

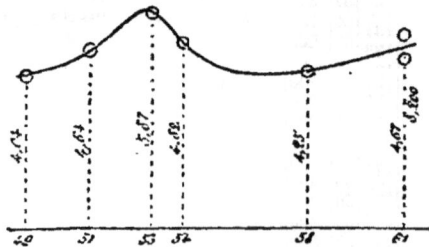

Tableau n° 5. — MACHINE 264 (à roues libres).
Train spécial à 60 kilomètres (de Paris à Orléans).

DÉSIGNATION du train.	STATIONS extrêmes du parcours.	NUMÉROS des poteaux.	VITESSES.	EFFORTS moyens partiels.	Détermination de l'effort moyen par tonne en palier.
4 mars 1865. Train spécial à 60 kilm., 12 voitures à voyageurs lestées, pesant 100 t.	Paris.	0	10	865	Altitude du poteau 0 = 35m.65 mètres. Altitude du poteau 28 = 67 mètres. Différence = 31m.65.
		1	39	870	La rampe moyenne entre le poteau 0 et le poteau 28 est $\frac{31.35}{28000} = 0.00112$.
		2	50	745	
		3	56	680	Moyenne des efforts obtenus entre ces deux poteaux = 643kg.5.
		4	62	655	Effort par tonne correspondant = 6kg.436.
		5	64	635	Effort en palier = 6kg.435 — 1kg.120 = 5kg.315, à la vi-
		6	67	610	tesse moyenne de 56 kilomètres.
		7	67	555	
		8	59	291	
		9	26	875	
		10	38	875	
		11	53	780	
		12	60	740	
		13	62	660	
		14	61	580	
		15	68	545	
		16	70	530	
		17	67	560	
		18	67	580	
		19	64	565	
		20	60	605	
		21	60	610	
		22	58	655	
		23	57	670	Courbes de 1000 mètres (nombreuses).
		24	57	680	
		25	57	715	
		26	56	705	
		27	6	200	
	Saint-Michel.	28			
		29	16	1200	Altitude du poteau 28 = 67 mètres. Altitude du poteau 55 = 88m.89. Différence = 21m.89.
		30	46	1085	La rampe moyenne entre le poteau 28 et le poteau 55 est $\frac{21.89}{27000} = 0.00081$.
		31	53	885	
		32	65	805	Moyenne des efforts obtenus entre ces deux poteaux = 595kg.
		33	57	805	Effort par tonne correspondant $\frac{595}{100} = 5kg.95$.
		34	61	775	
		35	61	725	Effort en palier = 5kg.95 — 0kg.81 = 5kg.140, à la vitesse
		36	60	690	moyenne de 62 kilomètres.
		37	67	512	
		38	67	400	
		39	70	440	
		40	70	480	
		41	67	480	
		42	67	355	
		43	64	380	Courbes de 1000 mètres (nombreuses).
		44	62	400	
		45	60	450	
		46	63	500	
		47	69	512	
		48	79	475	
		49	69	475	
		50	70	500	
		51	89	550	
		52	63	535	
		53	61	535	
		54	60	575	
	Étampes.	55			

Suite du tableau n° 5. — MACHINE 264 (à roues libres).

Train spécial à 60 kilomètres (de Paris à Orléans).

DÉSIGNATION du train	STATIONS extrêmes du parcours	NUMÉROS des poteaux.	VITESSE.	EFFORTS moyens partiels.	Détermination de l'effort moyen par tonne en palier.
4 mars 1863. Train de 100 tonnes. (Suite.)	Étampes.	56	31	1005	Altitude du poteau 56 = 90m.99. Altitude du poteau 88 = 136m.29. Différence = 45m.30.
		57	42	915	La rampe moyenne entre le poteau 56 et le poteau 88 est
		58	44	890	$\frac{45.30}{32000} = 0.00141$.
		59	36	810	
		60	33	1005	
		61	38	1275	Moyenne des efforts obtenus entre ces deux poteaux 646kf.
		62	44	1200	
		63	47	969	Effort par tonne correspondant $\frac{646}{100} = 6^{kf}.46$.
		64	55	715	
		65	62	590	Effort en palier = 6kf.46 — 1kf.41 = 6kf.050, à la vitesse
		66	55	515	de 57 kilomètres.
		67	65	495	
		68	62	490	Courbes de 1400 mètres (nombreuses).
		69	63	490	
		70	59	465	
		71	59	440	
		72	63	440	
		73	63	450	
		74	64	460	
		75	67	475	
		76	70	480	
		77	71	490	Alignement presque continu.
		78	68	505	
		79	68	505	
		80	61	500	
		81	67	500	
		82	70	520	
		83	80	550	
		84	60	475	
		85	70	505	
		86	65	430	
	Toury.	87	36	100	
		88			
		89	24	800	Altitude du poteau 89 = 134m.76. Altitude du poteau 120 = 118 mètres. Différence = 16m.76.
		90	48	700	La rampe moyenne entre le poteau 89 et le poteau 120 est
		91	56	605	$\frac{16.76}{32000} = 0.00052$.
		92	61	655	
		93	69	715	Moyenne des efforts obtenus entre ces deux poteaux 495kf.
		94	61	690	
		95	70	610	Effort par tonne correspondant $\frac{495}{100} = 4^{kf}.95$.
		96	69	560	
		97	73	535	Effort en palier = 4kf.95 + 0kf.52 = 5kf.470, à la vitesse
		98	74	510	moyenne de 66 kilomètres.
		99	70	475	
		100	70	450	
		101	69	435	
		102	67	355	
		103	67	330	
		104	57	375	
		105	67	440	
		106	69	420	
		107	68	455	
		108	53	480	
		109	59	495	
		110	69	500	
		111	61	495	

Suite du tableau n° 5. — MACHINE 264 (à roues libres).

Train spécial à 60 kilomètres (de Paris à Orléans).

DÉSIGNATION du train.	STATIONS extrêmes du parcours.	NUMÉROS des poteaux.	VITESSES.	EFFORTS moyens partiels.	Détermination de l'effort moyen par tonne en palier.
4 mars 1865. Train de 100 tonnes. (Suite.)		112	63	520	
		113	67	600	
		114	67	615	
		115	67	545	
		116	68	455	
		117	68	350	
		118	68	200	
		119	65	200	
		120	65	200	
	Orléans.				

Machine 264. Courbes des trains à 60 kilomètres..

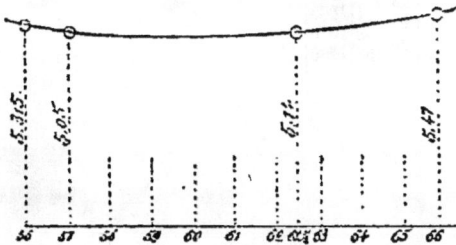

Tableau n° 6. — MACHINE 205 (à 4 roues accouplées).
Train spécial à 60 kilomètres.

DÉSIGNATION du train.	STATIONS extrèmes du parcours.	NUMÉROS des poteaux.	VITESSES.	EFFORTS moyens.	Détermination de l'effort moyen par tonne en palier.
4 mai 1865. Train spécial à 60 kilom., 14 voitures pesant 142 tonnes.	Paris.	4	52	1000	Altitude du poteau 4 = 35ᵐ.30. Altit. du poteau 27 = 63ᵐ.60.
		5	54	935	Différence = 28ᵐ.30.
		6	59	835	La rampe moyenne entre le poteau 4 et le poteau 27 est
		7	57	855	$\frac{28.30}{23000} = 0.00123.$
		8	54	925	
		9	61	890	Moyenne des efforts obtenus entre ces deux poteaux = 886 kg.
		10	60	790	Effort par tonne correspondant $\frac{886}{142} = 6^{k}.24.$
		11	6?	770	
		12	58	835	Effort en palier = $6^{k}.24 - 123^{k} = 5^{k}.010$ à la vitesse
		13	56	930	moyenne de 57 kilomètres.
		14	57	840	Courbes de 1200 et 1000 mètres.
		15	59	745	
		16	64	770	
		17	64	775	
		18	61	775	
		19	57	785	
		20	55	940	
		21	52	990	
		22	52	1080	
		23	55	1165	
		24	54	1085	
		25	53	1078	
		26	55	1280	
	Saint-Michel.	27			

Tableau n° 7. — RÉSUMÉ.

Trains à 60 kilomètres.

MACHINES.	PARCOURS.	DISTANCES kilométriques.	EFFORT moyen développé en palier.	PRODUIT de l'effort par la distance kilométrique.	MOYENNE des efforts par tonne.	VITESSES moyennes correspondantes.	MOYENNE des vitesses.
		km.	kg.	km.	kg.		km.
Machine 130. Juillet 1863.	Paris à Choisy............	7	5.87	45.78		53	
	Juvisy à Saint-Michel........	8	4.25	34		58	
	Étampes à Guillerval........	10	4.82	48.20		54	
	La Ferté à Orléans........	22	5.20	114.40	4.653	61	55
	Argenton à Célon	10	4.64	46.40		51	
	Célon à Saint-Sébastien....	17	4.04	68.68		49	
	St-Sébastien à Forgevieille..	7	4.67	32.69		61	
Machine 264. 4 mars 1865.	Paris à Choisy	7	5.31	127.56		56	
	Choisy à Saint-Michel	17					
	Saint-Michel à Étampes.....	26	5.14	133.64	5.250	62	60
	Étampes à Toury.........	23	5.05	116.15		57	
	Toury à Orléans	27	5.47	147.69		66	
Machine 205. 4 mai 1865.	Paris à Saint-Michel.......	23	5.10	117.30	5.010	57	57

Trains à 45 kilomètres.

MACHINES.	PARCOURS.	DISTANCES kilométriques.	EFFORT moyen développé en palier.	PRODUIT de l'effort par la distance kilométrique.	MOYENNE des efforts par tonne.	VITESSES moyennes correspondantes.	MOYENNE des vitesses.
Machine 130. Juillet 1863.	Paris à Choisy............	8	3.25	26.00		42	
	Juvisy à Saint-Michel.......	7	2.62	18.34		44	
	Étampes à Guillerval.......	9	3.59	32.31		41	
	Poteau 130 à Orléans......	8	3.55	28.40	3.088	51	43
	Argenton à Eguzon	19	2.67	50.73		38	
	Eguzon à Saint-Sébastien....	5	3.08	15.40		47	
	Saint-Sébastien à Forgevieille.	6	3.38	20.28		45	

Trains à 30 kilomètres.

MACHINES.	PARCOURS.	DISTANCES kilométriques.	EFFORT moyen développé en palier.	PRODUIT de l'effort par la distance kilométrique.	MOYENNE des efforts par tonne.	VITESSES moyennes correspondantes.	MOYENNE des vitesses.
Machine 130. Juillet 1863.	Paris à Choisy............	9	2.55	23.85		27	
	Juvisy à Saint-Michel.......	6	1.64	9.84		29	
	Étampes à Guillerval	9	2.32	20.88	2.264	29	29
	Argenton à Saint-Sébastien..	27	2.330	62.91		26	
	Saint-Sébastien au poteau 328	4	2.410	9.64		32	

Trains à 15 kilomètres.

MACHINES.	PARCOURS.	DISTANCES kilométriques.	EFFORT moyen développé en palier.	PRODUIT de l'effort par la distance kilométrique.	MOYENNE des efforts par tonne.	VITESSES moyennes correspondantes.	MOYENNE des vitesses.
Machine 130. Juillet 1863.	Juvisy à Saint-Michel.......	6	1.60	9.60		14.6	
	Étampes à Guillerval.......	10	1.39	13.90		14.3	
	La Ferté au poteau 132....	5	1.52	7.60		15	
	Poteau 130 à Orléans.....	8	2.03	16.24	1.435	15.5	15
	Argenton à Célon	8	1.06	8.48		14	
	Célon à Saint-Sébastien....	17	1.35	23.12		15.3	
	Saint-Sébastien à Forgevieille.	6	1.20	7.20		15	

Représentation graphique des efforts par tonne obtenus pour les trains de 15 à 60 kilomètres.

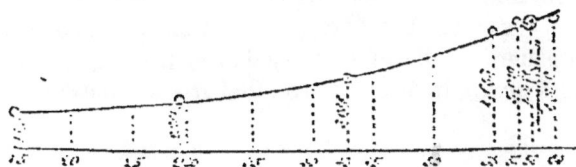

Dans le tableau ci-contre, le produit de l'effort par la distance kilométrique sert à déterminer la moyenne des efforts par tonne, en donnant à chaque expérience une importance proportionnelle au nombre de kilomètres parcourus.

Nota. Les valeurs encadrées n'entrent pas dans les moyennes. (Voir les expériences qui les ont fournies.)

Afin de rendre sensible à l'œil la méthode de calcul suivie dans les tableaux précédents, pour obtenir l'effort par tonne en palier, entre deux arrêts, nous avons représenté graphiquement les résultats fournis par le train spécial à 60 kilomètres (4 mars 1865) tonnage de 100 tonnes (Pl. 3).

La construction est basée sur les observations théoriques présentées au commencement du paragraphe X.

Spécimen de représentation graphique (Pl. 3).

TRAIN SPÉCIAL (du 4 mars 1865) A 60 KILOMÈTRES (*machine* n° 264) ENTRE PARIS ET ORLÉANS.

Composition du train . . . . . 12 voitures à voyageurs (dynamomètre compris). Les voitures étaient lestées avec du fer et de la fonte.

Poids du train. . . . . 100 tonnes (poids exact relevé sur la bascule).

Wagon dynamométrique. . . . 3546. Nombre des lames accouplées, 6.

Circonstances atmosphériques. Beau temps, rail sec, peu de vent.

La courbe des efforts par tonne est obtenue en prenant pour abscisses les distances kilométriques, et pour ordonnées les efforts par tonne, accusés par le dynamomètre.

Le tracé du profil est obtenu en construisant des rectangles ayant pour base la longueur des rampes considérées, et pour hauteur le chiffre qui mesure l'inclinaison.

Afin que la quadrature de la courbe des efforts par tonne et la quadrature du tracé des profils soient de même nature et puissent se retrancher l'une de l'autre, on a pris la même échelle pour représenter l'effort de traction par tonne et l'action de la gravité par tonne, soit $0^m.01$ par kilogramme. Les deux quadratures donnent, l'une, l'effort moyen, l'autre, le profil moyen.

La différence entre l'effort moyen et le profil moyen donne l'effort par tonne, en palier à la vitesse moyenne du trajet. Les quatre valeurs obtenues par les quatre trajets sans arrêt de Paris à Saint-Michel, de Saint-

Michel à Étampes, d'Étampes à Toury, de Toury à Orléans, correspondent à des vitesses dont la moyenne est 60 kilomètres, et font connaître très-approximativement l'effort par tonne pour cette dernière vitesse $(5^k, 25)$.

Nous nous proposons de donner à la Société des Ingénieurs civils le reste des travaux entrepris par la Compagnie d'Orléans pour tout ce qui intéresse la traction des chemins de fer. D'autres documents feront suite au présent Mémoire, en vue de comparer nos résultats avec ceux consignés dans l'excellent travail publié par les ingénieurs de la Compagnie de l'Est.

Juin 1866.

Paris. — Typ. de P.-A. Bourdier, Capiomont fils et Cie, rue des Poitevins, 6.
Imprimeurs de la Société des Ingénieurs civils.

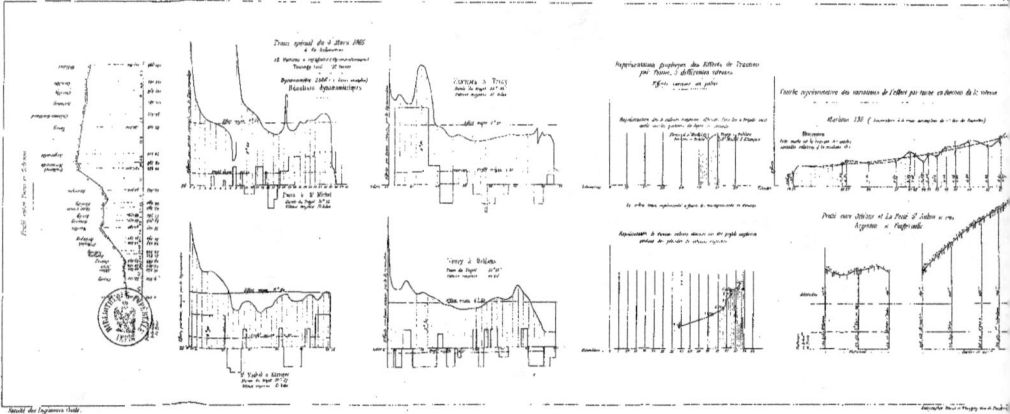

www.ingramcontent.com/pod-product-compliance
Lightning Source LLC
Chambersburg PA
CBHW060508210326
41520CB00015B/4153